PINHA

GESTÃO INTEGRADA DE CULTIVO

INDICE

4

1. INTRODUÇÃO

A pinheira (*Annona squamosa* L.), planta da família das Anonáceas, é encontrada vegetando espontaneamente em áreas da região tropical da América do Sul: Brasil, Paraguai, Venezuela, Colômbia, Peru e Bolívia. No Brasil, é encontrado com frequência nas regiões Centro-Oeste, Sudeste, Norte, e com maior abundância nas serranas do Nordeste, onde se concentra a quase totalidade da produção comercial de frutos. Por apresentar boa qualidade de frutos, além de satisfatória rentabilidade, esta espécie, vem despertando o interesse dos fruticultores, de várias partes do país, para o seu cultivo, pois além das propriedades alimentares, as anonáceas apresentam valor medicinal e, ainda, propriedades inseticidas.

Segundo dados do IBGE (2018), a área de pinha no Brasil, em 1996, era de 6.500 ha, sendo cultivada, principalmente nos estados de Pernambuco, Alagoas, Bahia e São Paulo. No Nordeste, produziu-se 87% deste total, dos quais, 18% em Pernambuco, estado em que há grande potencial produtivo, para o cultivo desta anonácea. Segundo Donadio *et al.* (1998), a utilização de técnicas de cultivo recomendadas para a cultura da pinheira, a produtividade pode alcançar até 13 t/ha/ano em plantios acima de seis anos de idade. A comercialização dos frutos da pinha, ainda é pouco eficiente, pois a qualidade das frutas depende de um sistema adequado de infraestrutura, que atenda à demanda do mercado. Portanto, para um maior aumento de áreas de plantio comercial, torna-se necessário um aprimoramento do processo de comercialização, aliado à geração de tecnologias, que possibilitem a conservação dos frutos por um período maior, buscando-se com isso uma maior qualidade, não só visando o mercado interno, como o externo. O pesquisador ainda afirma que o cultivo da pinha vem sendo cultivada, comercialmente, há vários anos, em diversos estados do Brasil, com pomares formados basicamente por mudas oriundas de sementes (pé franco), adaptando-se melhor em regiões de clima mais quente. Estudos de mercado, realizados nos principais centros consumidores, mostraram que, de janeiro a março, os preços são os menores do ano, pois devido a uma maior oferta do produto, com tendência de elevação de preços a partir do mês de abril. No segundo semestre do ano, existe uma baixa oferta do produto e, como consequência, os preços se elevam ainda mais.

A caixa de 22 kg de pinha tem sido comercializada a R$ 42,00 em março chegando até R$ 50,00 em abril e R$ 65,00 em setembro. Atualmente, os produtores do Estado do Rio Grande do Norte, mais especificamente das Regiões Serranas, vêm recebendo incentivos para a diversificação da produção agrícola, já que a economia dessas regiões é baseada, quase que exclusivamente, no cultivo do caju. Portanto, é nessa linha que a fruticultura, vem surgindo como uma alternativa viável e rentável, visando o desenvolvimento de pequenas e médias propriedades rurais de base familiar, além da fixação dos trabalhadores no campo, devido à maior demanda de mão-de-obra. Apesar de não dispor de dados estatísticos mais concretos, sobre a cultura da pinha, é notório o crescimento da demanda na comercialização dos frutos, ocasionado elo excelente sabor da fruta. A comercialização dos frutos da pinheira vem aumentando, significativamente, nas centrais de abastecimento do estado do Rio Grande do Norte e

Estados vizinhos. Contudo, o desconhecimento de tecnologias, que permitam melhorias no manejo da cultura, principalmente, no que concerne a épocas de produção, métodos de polinização, qualidade e conservação pós-colheita de frutos, irrigação, adubação e controle de pragas e doenças, vem limitando o crescimento da área plantada no Brasil, apesar do interesse dos produtores, atraídos pelos preços de mercado da fruta.

A planta possui características fisiológicas e morfológicas muito sensíveis ao ataque de patógenos, destacam-se as doenças ocasionadas por meio de fungos, sendo estas o principal entrave para a expansão e exploração da cultura, obrigando algumas vezes os produtores a terem comportamentos nômades, buscando sempre novas áreas de plantio. A Mosca das Frutas também merece destaque, pois é fator limitante à comercialização exportação do fruto, exigindo a adoção de tratamentos especiais de pós-colheita.

A região Nordeste destaca-se como o maior produtor brasileiro de melão. A fruta é um dos produtos de destaque na fruticultura, em valor e consumo, da pauta de comercialização do Rio Grande do Norte, sendo ultrapassado pelo petróleo, camarão e castanha de caju (SEDEC, 2015). Comparando os dados de produção de 1970 com os dados de 2015 para o período, constata um crescimento de mais de 4 vezes na produção dessa cultura.

Programas governamentais, como o PRONAF, voltados à produção familiar têm teto de financiamento insuficiente para os custos de produção do mamão, não permitindo o apoio à implantação dessa cultura por parte dos pequenos produtores públicos alvo do programa. Assim, é essencial o desenho de novas formas de financiamento, que venham beneficiar os pequenos produtores. O mercado nacional apresenta boas perspectivas de crescimento na produção e consumo de mamão no país, pois ainda é inferior aos níveis de consumo per capita dos países desenvolvidos. Destaca-se o consumo do na Bahia e Sao Paulo,os maiores no Brasil, mas ainda situa-se em patamares abaixo de países como Espanha, Inglaterra e Itália.

As perspectivas para produção de pinha no Brasil são positivas, principalmente em relação à mercado interno e torna-se necessário atender as exigências de qualidade e de sanidade a fim de suprir o mercado da entressafra e começar a entrar no mercado mais exigentes por qualidade, além de ampliar o consumo nacional por meio de estratégias de divulgação e marketing adequadas às características desse mercado.

2. AGRONEGÓCIO DA PINHA

De acordo com o International Board for Plant Genetic Resources (IBPGR, 1986), as quatro anonáceas mais cultivadas no mundo são: a graviola (*Annona muricata* L.); a pinha (*Annona squamosa* L.); a condessa (*Annona reticulata* L.); e a cherimólia (*Annona cherimola* Mill.). O IBPGR relaciona outras espécies que, ocasionalmente, são cultivadas como frutas comestíveis. Ao todo, aproximadamente 13 espécies de anonáceas têm frutos comestíveis. O Brasil tem-se destacado mundialmente como grande produtor de frutas, especialmente, tropicais e subtropicais. O cultivo das anonáceas tem sido feito, no país, por longo tempo e têm aumentado nos últimos anos, devido aos elevados preços que seus frutos alcançam no mercado. Entre aquelas de maior interesse comercial a pinha, também conhecida como fruta do conde, vem se destacando comercialmente. A produção desta fruta no Brasil a coloca, no momento, como a principal espécie de anonácea cultivada em praticamente todos os estados da região Nordeste e Sudeste do Brasil (Donadio *et al.*, 1998). Das espécies destinadas ao consumo *in natura*, a mais importante é a pinha. (Freitas e Couto, 1997, Silva e Silva, 1997). A fruta-do-conde é pouco utilizada para indústria de sucos e polpa de fruta, devido ao escurecimento da polpa, após o processamento.

A pinheira é uma anonácea de clima tropical e subtropical, tendo boa produção em locais sem excesso de chuvas e altitude acima 400 m, com estação seca bem definida e invernos amenos, não tolerando temperaturas muito baixas (principalmente geadas).

Temperaturas baixas no período de florescimento e na maturação dos frutos causam grandes prejuízos à cultura pela redução no número de flores vingadas, diminuição no tamanho e qualidade dos frutos. Excesso de chuvas nestas fases também provoca o abortamento de flores e frutos e favorece maior incidência de antracnose, acarretando queda de produção. Para obtenção de safras comerciais, a planta exige condições de clima quente e alta umidade, porém, é fundamental que durante o ano ocorra um período de estresse climático, que dependendo da região pode ser frio ou seco, capaz de promover um repouso vegetativo necessário a um melhor florescimento (Kavati e Piza Jr., 1997). A pinheira adapta-se bem a quase todos os tipos de solo, de preferência bem drenados (Donadio et al., 1998), preferindo os areno-argilosos, ricos em matéria orgânica, férteis e próximos à neutralidade.

As características físicas são mais importantes que os aspectos químicos, uma vez que as anonáceas geralmente não se desenvolvem bem em solos com textura argilosa, que favorecem a ocorrência de podridões de raízes e do colo, causada por fungos (Fleichtenberger et al., 1988). Enquanto, Ramos e Valente (1992) explicaram que a baixa produtividade obtida com a planta, nos estados nordestinos, está relacionada com a instalação de pomares em solos pobres (areias quartzosas) e tratos culturais insuficientes, entre outros pontos parâmetros. Nestas condições, existem pomares com mais de 50 anos, ainda em produção comercial. O baixo nível tecnológico, ainda empregado nessas áreas, induz a exploração dessa fruteira, a ser extrativista.

Lederman e Bezerra (1997), ressaltaram que o cultivo dessa fruteira, no estado de Pernambuco, ainda está um tanto incipiente, devido à pouca incorporação, ao longo dos anos, de tecnologias apropriadas para os produtores, acarretando baixa produtividade no cultivo. Sementes, o que causa grande heterogeneidade de plantas no pomar, além dessas sementes provirem de frutos de procedência desconhecida. Estudos feitos por Freitas e Couto (1997), relataram que a maior parte da pinha comercializada no Estado de Minas Gerais, é proveniente do Nordeste, destacando-se a comercialização de frutos dos estados de Alagoas e Pernambuco. A produção de Pinha no Brasil é, em sua grande maioria, extrativista, com poucos plantios comerciais ou tecnificados. Esta espécie é uma frutífera tropical característica do Nordeste e Norte do país, atingindo também as regiões dos Cerrados do Brasil Central e o Sudeste.

A comercialização da Pinha é direcionada, prioritariamente, para três principais polos absorvedores da produção:

1) Centrais de Abastecimento (CEASA's);

2) Feiras livres e Estradas e,

3) Redes de supermercados.

Pode-se, também, incluir, as feiras de mercados públicos como centros de comercialização desta fruta, mas para fins de registro da produção, é necessário estar atento a sua origem; haja vista que, na maioria das vezes, esses frutos são adquiridos pelos comerciantes e feirantes, nas centrais de abastecimentos, e não diretamente aos produtores. Dentre os três polos absorvedores da produção citados anteriormente, apenas algumas centrais de abastecimento disponibilizam informações relativas ao volume de frutos comercializados, enquanto as redes de supermercados como as pequenas e médias vendas não têm o hábito de informar tais dados.

Nos últimos anos, a agricultura familiar tem sido destacada, buscando-se um modo de desenvolvimento social, econômico e ambientalmente sustentável, capaz de garantir a segurança alimentar dos brasileiros sem pôr em risco a segurança dos já desgastados ecossistemas existentes. A partir desse pressuposto, o cultivo da pinheira desponta, nas serras do Nordeste, como uma alternativa para a produção familiar agrícola e agroquímica, com a preservação dos recursos naturais e garantia da segurança alimentar, reduzindo o impacto ambiental das atividades agrícolas desenvolvidas.

3. TAXONOMIA

A Pinheira, chamada também de Fruta-do-Conde ou Ata, pertence ao Reino Vegetal;

- o Divisão:*Angiospermae*;

- o Classe: *Dicotyledoneae*;

- o Ordem: *Magnoliales*;

- o Família: *Annonaceae*;

- o Subfamília: *Annonoideae*

- o Gênero: *Annona* (Brandão, 1979, Manica, 1997).

No gênero *Annona* encontram-se a ata, fruta-do-conde ou pinha (*Annona squamosa* L.), a cherimólia (*Annona cherimola* Mill.), a condessa (*Annona reticulata* L.), a graviola (*Annona muricata* L.), a atemóia (híbrido de *Annona cherimola* x *Annona squamosa*), o araticum-do-campo (*Annona* dioica), o araticum-do-brejo (Annona paludosa), o cabeça de negro (*Annona coriácea*), a Ilama (*Annona diversifolia*) (Manica, 1997).

A família *Annonaceae* possui mais de 40 gêneros e 620 espécies. O gênero *Annona* é o mais importante, com mais de 50 espécies. Popenoe (1920) e Hoehne (1946) relataram a descrição botânica das Anonáceas. Segundo Martius (1841), a pinha é originária das Antilhas, na América Tropical, provavelmente, das Ilhas Trinidad. É encontrada hoje, bastante disseminada, em toda faixa tropical do mundo, onde suas frutas são muito apreciadas (Cañizares-Zayas, 1966). Segundo Léon (1987), esta planta tem grande importância na Índia, onde as populações espontâneas existem em grande número e crescem com abundância, o que leva a acreditar que seria nativa deste país.

No Brasil foi introduzida na Bahia no ano de 1926, por Diogo Luiz de Oliveira, o conde de Miranda. Daí a origem de um dos seus nomes populares, fruta-do-conde, sendo cultivada em diversos estados brasileiros (Donadio et al., 1998). Gomes (1972), Pinto e Genu (1984) e Simão (1998) também consideram o Caribe como berço das *Annonaceaes*. Para Braga (1960) e Gomes (1975), a ateira é uma árvore de 3 a 5 metros de altura, podendo atingir tamanhos maiores em condições favoráveis ao seu desenvolvimento. A pinheira é considerada uma árvore de porte médio a baixo, e muito ramificada, de coloração geral verde acinzentada (Piza Júnior, 1982). A raiz principal é do tipo pivotante e tem um crescimento proporcional muito maior que a parte aérea. Os ramos inicialmente são de coloração verde quando tenros e, à medida que amadurecem, tornam-se amarronzados e, por fim, acinzentados na sua maturidade.

3.1. FOLHAS

As folhas são decíduas, medindo cerca de 5 a 15 cm de comprimento por 2 a 6 cm de largura. As lâminas foliares possuem formato oblongo-elíptico, de ápice obtuso e acuminado e apresentam uma coloração verde brilhante na parte superior (adaxial) e cor verde azulada na parte inferior (abaxial) (Simão, 1971).

As folhas, quando novas, são pubescentes, mas glabras na maturidade, cobertas por uma camada de cera mais visível na face inferior, enquanto que na face superior é bem reduzida (Lemos e Cavalcanti, 1989,

Kavati, 1997). A disposição das folhas nos ramos é alterna e sobre um único plano (dísticas). O pecíolo mede cerca de 1,5 cm de comprimento, apresenta-se mais espesso junto a inserção dos ramos, protegendo as gemas. Estas gemas são compostas, formadas de várias gemas individualizadas e invisíveis quando os ramos estão enfolhados, podendo ser vegetativas ou floríferas. Em sua maioria, para que elas se desenvolvam, torna-se necessária a completa desfolha dos ramos (Kavati, 1997).

3.2. MORFOLOGIA FLORAL, FLORESCIMENTO E FRUTIFICAÇÃO.

As flores de *Annona squamosa* L. são hermafroditas, isoladas ou em grupos de duas a quatro, pendentes e surgem, na sua maioria, sobre os ramos de 8 crescimento anual. Elas são laterais, opostas às folhas ou terminais e surgem sucessivamente durante o período de floração (Kavati, 1997). As flores são formadas por três sépalas triangulares que medem de 2 a 3 cm de comprimento e três pétalas externas, carnosas e lanceoladas de corte triangular, com 1,5 cm de comprimento formando uma câmara floral definida. Na base da flor existem numerosos estames amarelados e na parte superior muitos carpelos purpúreos. O botão floral eclode de uma gema subpeciolar após a queda do pecíolo foliar, 15 a 20 dias antes da antese. A região basal do carpelo permanece fundido a um sincarpo, enquanto a parte apical é destinada à fixação do estigma e estilo, permanecendo livre durante todo o desenvolvimento da flor (Manica, 1997). A antese das flores é crepuscular, ocorrendo por volta das 17 horas, e a duração das flores é de aproximadamente dois dias. Todo esse processo, que vai da separação das pétalas até a abertura da flor, tem duração variada, podendo ser de algumas horas até um dia. As pétalas caem entre um período de 2 a 3 dias (Lederman e Bezerra, 1997). As novas flores continuam a aparecer em direção ao ápice dos ramos enquanto as flores da porção basal desses ramos se desenvolvem completamente (Kumar et al., 1977). Esses mesmos autores, trabalhando com flores de pinha na Índia, determinaram um período que leva, aproximadamente, 35 dias para o completo desenvolvimento do botão floral, com o florescimento ocorrendo entre os meses de março a agosto, com o máximo entre os meses de abril e maio.

Já Kshirsagar *et al.* (1975), trabalhando com Atemóia na Índia, concluíram que o período correspondente ao início da diferenciação floral até o estágio de floração completa variou entre 27 e 31 dias, e que o período mais longo observado ocorreu quando houve condição de baixa temperatura durante a floração. O tempo entre o início do aparecimento da gema floral até o momento antes da antese, no qual o botão alcança diâmetro de 25 a 33 mm, varia em torno de 60 a 82 dias (Escobar *et al.*, 1986). Segundo Nalawadi *et al.* (1975), o período de floração leva, em média, de 29 a 34 dias do início visual do botão floral até o completo florescimento. No entanto, o tempo médio que os botões florais levaram até o completo florescimento foi de 30,8 dias. Enquanto, Kumar *et al.* (1977), trabalhando com pinha na Índia, visualizaram a máxima antese entre 17 horas e 30 minutos e 5 horas e 30 minutos e a deiscência foi máxima entre 11 horas e 30 minutos e 14 horas e 30 minutos. Kshirsagar *et al.*

(1975), também na Índia, citaram que a máxima antese ocorreu entre as 6 e 8 horas e deiscência entre 12 e 14 horas. Durante este processo as pétalas, que inicialmente estavam compactamente unidas, passam a ficar ligeiramente abertas, definindo o início da fase feminina. Já a fase masculina começa quando as anteras se encontram deiscentes, o que ocorre após as pétalas estarem totalmente abertas. O período de abertura das flores de pinha varia muito em função do local, das condições climáticas e da variedade (Lederman e Bezerra, 1997). Embora sejam hermafroditas, as flores de pinha apresentam-se com o gineceu receptivo nas primeiras 20 horas após a antese, e na fase deiscente das anteras nas 20 horas seguintes, caracterizando assim a dicogamia protogínica, antecipação da maturação do gineceu em relação ao androceu. Este fenômeno fisiológico dificulta a polinização natural e, consequentemente, a frutificação. Testes de viabilidade realizados por Kumar et al. (1977), na Índia, com flores coletadas em diferentes épocas, mostram que o mês de agosto foi o mais apropriado para obtenção de grãos de pólen mais viáveis, obtendo uma taxa de 73,3% de pólens férteis.

Neste caso a alta umidade foi determinante para essa taxa de fertilidade. Kill e Costa (2000), estudando o sistema floral e reprodutivo da flor de pinha na região de Petrolina - PE, observaram que esta espécie apresenta características florais que permite classifica-la como Cantarófila, que se constitui na polinização por coleópteros. Com relação ao seu sistema reprodutivo os mesmos autores concluem ser esta espécie autocompatível, produzindo frutos e sementes por autopolinização quanto por polinização cruzada.

3.3.FRUTO

A pinheira possui um fruto classificado como sincarpo, arredondado, ovoide, esférico ou cordiforme, com 5 a 10 cm, originado de uma única flor e formado pela fusão de vários carpelos simples, bastante salientes e bem individualizados, podendo sua superfície ser lisa ou rugosa. O número de carpelos varia muito, sendo frutas maiores possuidoras de um maior número de carpelos (Kavati, 1997, Manica, 1997). O fruto pesa até 800 g (Ferreira 1997), possui a superfície de coloração verde escura, coberta no início do desenvolvimento do fruto por um pó esbranquiçado e, ao amadurecer, passa de verde escuro ao verde-pardo-cinzento (Manica, 1997). Nesta fase, as saliências se afastam tornando-se mais visíveis e são separadas por linhas claras e fundas. O desenvolvimento do fruto da pinheira, segundo Pal e Kumar (1965), é do tipo sigmoidal, com o crescimento apresentando dois picos, o primeiro dos quais entre 45 e 60 dias após a antese e outro entre 90 e 105 dias. A polpa é branca, perfumada, doce, muito saborosa, encerrando considerável número de sementes de 51 a 75 grandes e pretas que variam, em função do tamanho das frutas (Cañizares-Zayas, 1966).

O sabor extremamente doce dos frutos de pinha é dado pelo elevado teor de frutose, que supera o teor de sacarose, uma vez que o poder adoçante da frutose é de 1,7 vez superior ao da sacarose (Lehninger, 1976).

A árvore da pinheira possui porte médio a baixo (foto abaixo), atingindo ate 7 metros de altura, com diâmetro da copa, podendo atingir até 6 metros. Possui ramos numerosos, e, ao envelhecerem apresentam-se suberificados.

4.CULTIVARES

No Brasil não existem cultivares definidas de pinha, excetuando-se a pinha sem sementes, oriunda de mutação somática, ocorrida no Ceará, que produz frutos partenocárpicos, pequenos e sem valor comercial. No Vale do São Francisco, em Pernambuco, foram selecionadas e indicadas para cultivo comercial sob condições irrigadas, as seguintes cultivares: Pinha FAO I, Pinha AP e Pinha FAO II. Já temos fruta-do-conde de casca vermelha e até sem sementes, porém esta última apresenta frutos pequenos e muito moles quando maduros, dificultando a comercialização.

Pinha Verde

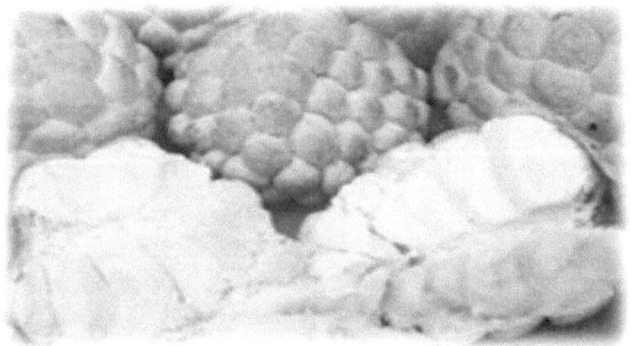

Pinha Vermelha

5. PROPAGAÇÃO

5.1. PROPAGAÇÃO POR SEMENTES

A propagação sexuada é feita através de sementes colhidas de frutos saudáveis de plantas conhecidas. As plantas selecionadas para serem doadoras de sementes são aquelas que possuem características superiores que se deseja transmitir, pelo menos em parte, para a sua descendência. Os parâmetros de seleção de uma planta produtora devem estar sempre na mente do técnico ou produtor com senso de observação e interesse pelas mesmas.

As pinheiras são plantas alógamas - prioritariamente de fecundação cruzada, e heterozigotas - apresentam um razoável grau de variabilidade entre as plantas. A planta produtora pode ser observada pelas suas características agronômicas como:

Quanto à planta: alta produtividade, precocidade, vigor, resistência a pragas e doenças e resistência à seca;

- Quanto aos frutos: grandes, bem conformados, brix elevado, resistentes ao transporte e prateleira e poucas sementes; e,

- A utilização da semente na propagação da pinheira é a forma mais usual entre os produtores. Neste caso, as sementes deverão ser obtidas de frutos maduros ou "de vez", sadios, de plantas produtivas e elevado percentual de polpa.

Após a retirada das sementes dos frutos, as sementes devem ser lavadas para eliminação da mucilagem, que poderá fermentar e inibir a germinação coloca-se para secar em papel jornal, em local sombreado e ventilado por um período de 24 horas, e, em seguida, deverá ser feito a semeadura, uma vez que, a partir do quarto dia depois de retirada do fruto, o teor germinação diminui drasticamente, por ser recalcitrante, ou seja, de fácil desidratação em contato com a atmosfera, e, como consequência natural, perde o poder germinativo.

O semeio deve ser feito em sementeiras, medindo 1,20 x 3,00 m. onde a emergência (germinação) ocorre de quinze a trinta dias da semeadura, e, as plantas deverão ser irrigadas sempre que se fizer necessário, tendo-se o cuidado para não encharcar as mudas.

As plântulas deverão permanecer na sementeira, até atingirem entre 5 a 8 cm de altura, ou aproximadamente 60 dias, serão repicadas para os sacos plásticos, com o cuidado de se fazer uma seleção prévia para evitar plantas fora dos padrões, ou seja, plântulas malformadas, raízes defeituosas ou com sintomas de ataque de patógenos.

O material selecionado deverá ser colocado em sacos plásticos com dimensões de 24 cm de largura e 18 cm de altura, e utilizando-se como substrato, areia e terra vegetal, nas proporções de 1:1; 2:1. O uso do esterco não é recomendado, principalmente pelo aparecimento de doenças fúngicas.

As mudas deverão permanecer em um viveiro de luminosidade controlada em torno de 50% (sombrite) até atingirem o tamanho de aproximadamente 30 cm, quando estarão em condições de serem transplantadas para o local definitivo.

5.2.PROPAGACAO POR ENXERTIA

A propagação assexuada, também chamada de vegetativa ou simplesmente clonagem é um método de multiplicação de plantas onde não está presente a segregação dos genes. Está baseada na totipotência, ou seja, na capacidade das células vegetais de se dividirem por mitose e se diferenciarem até a formação de um vegetal completo.

A enxertia (Foto abaixo) é uma forma eficiente de combinar características desejáveis de duas plantas e leva à formação de plantios uniformes no desenvolvimento, precocidade, produção, qualidade dos frutos, regularidade e homogeneidade das safras.

Este método de propagação pode ser realizado a partir dos 9 a 12 meses de idade da muda, com a retirada de ramos e borbulhas em torno de dois anos de idade, em planta matriz previamente selecionada, localizados no terço médio e inferior, com diâmetro variando entre 0,5 – 0,7 cm, e comprimento de 10 a 12 cm. com certo grau de intumescimento, geralmente na fase de hibernação da planta, e, enxertado na planta a 10-15 cm de altura.

Foto - Enxertia

5.3. PROPAGAÇÃO POR ESTAQUIA

Estaquia é o processo pelo qual se regenera uma planta inteira a partir de um segmento seu. São retirados um ramo da planta e postos para enraizar. Uma vez enraizados a estaca brota e uma nova planta é formada.

Deve-se estar atento em oferecer as condições mínimas necessárias ao bom enraizamento de estacas das anonáceas:

- Retirar as estacas de brotações novas e vigorosas de plantas adultas sadias;

- Escolher estacas com diâmetro de um lápis na base deixando-se um ou dois pares de folhas na parte distal da estaca;

- Remover o ápice com tecidos muito tenros e fáceis de dessecar;

- As folhas remanescentes podem ser cortadas à metade ou deixadas inteiras;

- Tratar as estacas já preparadas mergulhando-as em calda fungicida à base de Benlate (2 g/L) por 5 minutos;

- Fazer um corte longitudinal de 3 a 4 cm na base de cada estaca para expor o câmbio vascular;

- Tratar o ferimento da base com uma solução ou pó contendo 2000 ppm de auxina (Ácido Indol-Butírico – AIB);

- Plantar as estacas em tubetes contendo areia lavada de rio com barro de subsolo ou fibra de coco;

- Deixar as estacas em câmara de nebulização intermitente por 40 a 50 dias após o que deverão ser retiradas e plantadas em sacos pretos de polietileno com furos contendo a mesma mistura para o desenvolvimento de mudas de pé franco;e,

- As mudas enraizadas e brotadas devem receber o mesmo tratamento dispensado as mudas por sementes.

6. POLINIZAÇÃO

6.1. POLINIZAÇÃO E REPRODUÇÃO

O cultivo racional da pinha requer o conhecimento do sistema reprodutivo da planta. A polinização ineficiente é o principal fator que limita a produção da espécie (Ledermam e Bezerra, 1997). Apesar das anonáceas apresentarem flores hermafroditas, a autofecundação se torna difícil devido ao processo fisiológico conhecido como dicogamia protogínica. A taxa de polinização se reduz bastante na pinha, podendo ser nula em determinadas condições de clima. Além disso, a ocorrência de altas temperaturas e baixa umidade relativa do ar, que ressecam o estigma, as chuvas que impedem o transporte do pólen e baixas temperaturas, diminui a ação de insetos polinizadores, justificando, assim, o baixo índice de polinização natural da pinha (Kavati e Pizza Jr., 1997). Algumas variedades de anonáceas podem frutificar naturalmente melhor que outras, no entanto, para assegurar uma produção satisfatória de frutos bem formados, a polinização artificial é necessária (Shroeder, 1971). Segundo Englehart (1974), em cherimólia pode haver frutificação natural, porém a maior parte dos frutos serão pequenos e malformados. Enquanto, Ahmed (1936), nas condições do Egito, realizou dois experimentos de polinização, com pinha, onde no primeiro experimento, quando foi realizada polinização artificial, obteve-se um índice de pegamento de fruto de 92,2%, em contraste às flores que foram polinizadas naturalmente, no mesmo experimento, alcançando um percentual de 8,6% de pegamento. Já no segundo experimento, obteve-se um índice de pegamento de frutos de 90,8% para as flores polinizadas artificialmente e, para a polinização natural, este índice de pegamento foi de 9,6%. A ocorrência de uma boa polinização natural em plantas do gênero Annona depende de uma alta densidade de flores, da coincidência dos estádios florais masculinos e feminino na mesma árvore, da presença de um alto número de insetos polinizadores visitando as flores e das condições climáticas favoráveis durante o período da floração (Fioravanço e Paiva, 1994). O controle químico de pragas, como a broca-dos-frutos (Cerconata anonella) ou a vespa da semente (Bephratelloides spp.), quando feito com muita frequência, prejudica a população natural de insetos polinizadores (Kavati e Piza Jr., 1997). Na Índia, foi constatado que a maioria das flores de pinha abrem-se durante a noite, entre as 17 horas e 5h 30 minutos (Kumar et al., 1977). A polinização artificial é uma técnica essencial na maior parte das espécies cultivadas de anonáceas, pois o fruto necessita de sementes viáveis para frutificar e se desenvolver e, sendo assim, quanto maior o número de sementes, maior é o peso ou tamanho do fruto.

No gênero *Annona,* existe uma relação direta entre o número de sementes e o peso do fruto. Na pinha, por exemplo, para cada 100 g de fruto existem aproximadamente 30 sementes (Lederman e Bezerra, 1997). Quando ocorre uma boa polinização, os frutos da pinha se desenvolvem normalmente e têm uma forma arredondada, enquanto a presença de frutos deformados pode indicar uma polinização irregular (Oppenheimer, 1980).

A polinização artificial dirigida é uma prática que pode ser realizada com o objetivo de uniformizar a polinização, aumentar o vingamento dos frutos e, consequentemente, a produtividade (Fioravanço e Paiva, 1994). É possível polinizar de 100 a 150 flores por hora, e são necessários de 50 a 100 dias de trabalho para todas as atividades relacionadas com a polinização artificial. Em experimentos realizados em Israel, com a atemóia, alcançou-se até 90% de frutificação e, na prática, pode-se obter de 100 a 200 kg de frutas em um dia de trabalho com polinização (Oppenheimer, 1980). Vale lembrar, também, que para ocorrer uma polinização efetiva, a flor deve estar nos seus estágios mais receptivos, que são o pré-feminino e o feminino, o período entre o início e o final da fase receptiva do estigma é variável em função das condições climáticas, altas temperaturas e baixa umidade do ar, o que faz com que esse período seja bastante breve, ocorrendo o ressecamento na superfície do estigma da substância açucarada, que é exsudada pelas papilas estigmáticas, que têm a função de fixação dos grãos de pólen. Kavati et al. (2000), estudando a ocorrência de auto-incompatibilidade em material clonal de pinha, concluíram que não ocorre auto-incompatibilidade no material estudado e que polinização artificial promove aumento de produtividade e qualidade de frutos.

FLOR POLINIZADA COM PINCEL

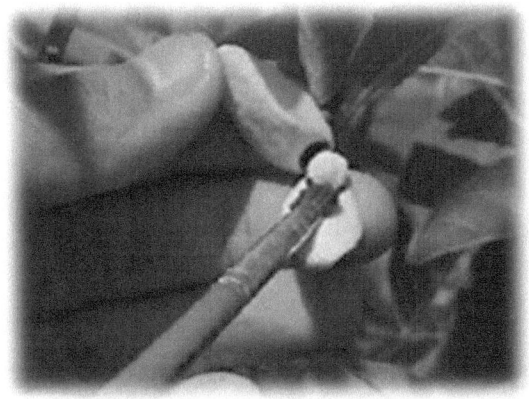

FLOR POLINIZADA COM BOMBA

Savazaki et al. (2000), trabalhando com polinização artificial em pinha usando a bomba polinizadora, concluíram que, pode-se trabalhar na proporção de uma flor colhida para cada quatro flores polinizadas e que um operador bem treinado consegue polinizar cerca de

1800 flores em 3 horas de trabalho. O aumento da frutificação por meio da polinização artificial tem sido divulgado em trabalhos científicos como uma prática viável. No entanto, se tornam necessários mais estudos regionalizados para que se possa otimizar e adaptar esta prática à/ realidade dos agricultores.

7. CLIMA

7.1. CONDIÇÕES EDAFOCLIMÁTICAS

A pinheira é uma planta tropical, vigorosa, que apresenta crescimento regular e produz frutos de excelente qualidade em lugares de grande insolação, com temperaturas entre 18°C a 35°C. A temperatura tem grande influência no desenvolvimento dessa cultura, sobretudo na formação das flores e dos frutos. Sendo originário de região tropical de clima caracteristicamente quente e úmido a pinheira vegeta e produz de maneira mais satisfatoriamente em áreas com temperatura média anual em torno de 25°C e acima de 1.000 mm anuais de participação pluvial (FAO, 1961).

A altitude não é problema, pois ela pode ser cultivada acima de 700 m acima do nível do mar, embora a planta produza bem também em áreas mais altas. A planta pode se adaptar a clima subtropical e produzir em climas temperados. Nos microclimas, com geadas, na maioria dos casos, os frutos são de má qualidade e a planta não completa o seu ciclo, tendo dificuldade em colher frutos completamente maduros, possibilitando apenas o uso de frutos verdes para a elaboração em geleias.

Verifica-se que temperaturas excessivamente baixas (abaixo de 0° C), ocasionam danos severos nos frutos e causam à morte das plantas. Os ventos muito fortes podem provocar o fendilhamento e a queda das folhas e flores, reduzindo a área foliar da planta e, consequentemente, a capacidade fotossintética, além de expor os frutos aos raios solares, sujeitando-os a queimaduras.

A fim de minimizar o problema nas regiões com alta incidência de ventos, torna-se necessária, a construção de quebra-ventos, com plantio da bordadura com espécies apropriadas, capazes de barrar o efeito dos ventos. A planta e o fruto da pinheira são constituídos de aproximadamente 67,8% de água, exigindo assim, tanto no período de crescimento ativo quanto no de produção, amplo suprimento de água que poderá ser fornecida por meio das chuvas, ou irrigação.

A pinheira é uma planta tipicamente tropical, dependendo dos tratos culturais nela praticado, possuindo considerável sensibilidade às variáveis atmosféricas como temperatura, luz e déficit hídrico, que afetam rapidamente o crescimento e produção da cultura. Além dos fatores climáticos exercerem preponderante influência sobre o desenvolvimento da planta, essas condições afetam sobremaneira a incidência e a severidade das doenças que atacam a cultura, especialmente aquelas de natureza fúngica (Pizza Jr. et al. 2001). Ainda os pesquisadores afirmam que a obtenção de informações sobre os efeitos dos fatores climáticos sobre essas doenças é imprescindível para recomendar um manejo racional da cultura. Com os novos cenários projetados pelos modelos climáticos, nos quais a temperatura deverá se elevar ao longo de todo o ano e com mais intensidade no inverno, e a chuva que deverá se concentrar durante os meses de verão, acentuando e prolongando o período de seca no inverno, é razoável admitir que ocorrerá aumento na incidência e severidade da maioria das doenças fúngicas e de oomiceto da pinheira.

Embora as condições iniciais dessas simulações desconsiderem questões importantes, esses cenários já dão indicações essenciais ao planejamento das pesquisas, principalmente quanto à adaptação dos sistemas de cultivos e de novas cultivares de mamão mais tolerantes às altas temperaturas, mais resistentes à seca e, também, melhor adaptadas às alterações ocorridas nesses ecossistemas.

7.2. LOCALIZAÇÃO GEOGRÁFICA

A produção está localizada nas Serras e regiões limítrofes. As regiões apresentam baixo potencial hídrico, sendo abastecidos por barreiros ou pequenos açudes ou rios menores que fluem diretamente para outros rios maiores. A área é constituída na sua totalidade por terrenos sedimentares e declivosos, apresentando relevos ondulados com altitude média acima de 450 metros.

7.3. HISTÓRICO DA COLONIZAÇÃO

A cultura da pinheira merece destaque em determinadas regiões do Brasil, pois apesar de pouco preservada, esta anonácea vegeta espontaneamente, dando uma contribuição socioeconômica significativa em algumas regiões, caso do Nordeste, onde várias comunidades sobrevivem basicamente dessa cultura e, em alguns casos, proporciona-lhes uma complementação da renda familiar. Porém, outro aspecto importante para sua expansão nas referidas regiões, são oriundas da recomposição da paisagem frutífera nativa, contribuindo, dessa forma, para a preservação ambiental do ecossistema.

8. SOLO

Embora a cultura da pinheira se desenvolva nos mais diferentes tipos de solos, estes devem apresentar como principal característica uma boa permeabilidade.

Os solos adequados para o plantio da pinheira são os de textura média ou areno-argilosa, com pH variando de 5,5 a 6,9. Deve-se evitar solos muito argilosos, pouco profundos ou localizados em baixadas, pelo fato de encharcarem com facilidade nas épocas de chuvas intensas.

Em condições de encharcamento, as plantas apresentam-se estioladas, com desprendimento prematuro das folhas inferiores, amarelecimento das folhas mais jovens, troncos finos e altos, desenvolvimento atrasado e produções reduzidas.

Solos com problemas de encharcamento proporcionam também maior incidência da doença podridão-do-colo dos frutos, causada por fungos do gênero *Phytophthora*. Assim, em locais de precipitação pluvial elevada, recomenda-se o plantio em áreas com pequena declividade, a fim de evitar o acúmulo de água próximo às raízes.

A presença de camadas adensadas, coesas, compactadas, na superfície ou subsuperfície, pode causar limitação, pois constitui-se como um impedimento físico ao crescimento das raízes da pinheira, diminuindo assim, o volume de solo a ser explorado pelas plantas e, consequentemente, restringindo o acesso aos nutrientes e a água das camadas mais baixa, agravando também as deficiências hídricas nos períodos de estiagem.

8.1. PREPARO DO SOLO

Inicialmente é feita a limpeza da área, por máquinas, com a derrubada ou roçagem do mato, destoca, encoivaramento e queima das coivaras. Nessas etapas é importante não revolver demasiadamente o solo, não removendo a camada superficial, que é rica em matéria orgânica. Procede-se em seguida uma aração; e uma ou duas gradagens cruzadas, a seguir realiza-se o coveamento e o plantio.

A aração deve ser feita no mínimo a 20-30 cm de profundidade. No caso de uso de brocas mecânicas para abrir as covas, o solo não deve estar muito úmido, sendo preciso desfazer o espelhamento interno das paredes da cova com uma pá, para não haver impedimentos ao desenvolvimento das raízes do mamoeiro. Lembre-se que o controle de saúvas e grilos é imprescindível para o sucesso da plantação e deve ser iniciado antes da aração.

Em solos com horizontes adensados, coesos e compactados, recomenda-se realizar subsolagem a 50 cm de profundidade, em toda a área ou nas linhas de plantio, com o objetivo de permitir maior crescimento radicular em profundidade, além de melhorar a infiltração e o armazenamento de água no solo.

Em todos os casos, recomendam-se o uso de máquinas e implementos de menor peso possível e a execução das operações acompanhando sempre as curvas de nível do terreno. Em áreas sujeitas a encharcamento é necessário estabelecer um bom sistema de drenagem.

8.2. CALAGEM

A necessidade de calagem (NC) para a pinheira é avaliada por meio da análise química do solo e deve-se proceder à amostragem do solo da área, normalmente na profundidade de 0 a 20 cm, três a seis meses antes da implantação da cultura.

Alguns estados brasileiros contam com recomendações para a correção de acidez para a pinheira, com base nos resultados analíticos do solo, indicando a dose certa de calcário, deve-se usar de preferência o calcário dolomítico e distribuí-lo dois a três meses antes do plantio da pinheira, incorporando-o ao solo. Quando possível, aplica-se metade da dose recomendada antes da aração e a outra metade antes da gradagem, para melhor incorporação.

Vale ressaltar que deve ser evitada a calagem excessiva, para que não ocorra deficiência de micronutrientes, problema frequente na cultura da inheira.

8.3. ADUBAÇÃO

A adubação da pinheira deve ser baseada em resultados analíticos do solo da área de plantio. Recomenda-se que, simultaneamente aos resultados de análises de solos, sejam também usados os de diagnose foliar, para orientação dos programas e calendário de adubação da cultura.

a) Análise foliar

A análise química da folha é um recurso quantitativo bastante útil para confirmar deficiências diagnosticadas por sintomas visuais, observar a intensidade de absorção dos nutrientes aplicados no solo e conhecer o estado nutricional da plantação. Alguns fatores podem influenciar no processo de absorção dos nutrientes pelas plantas, como as condições adversas do meio ambiente e a incidência de pragas e doenças. Portanto, para que a planta possa responder à aplicação de fertilizantes, é necessário que os tratos culturais como controle de plantas daninhas, a disponibilidade de água, os tratos fitossanitários, etc., sejam adequados.

b) Amostragem de folhas

Para a coleta das folhas, quando se pretende fazer um acompanhamento do estado nutricional da plantação, deve-se proceder da seguinte forma:

1) coletar somente folhas sadias, num total de 16, para formar uma amostra;

2) as folhas amostradas devem provir de uma mesma cultivar, de plantas com a mesma idade e que representem a média da plantação;

3) devem-se retirar apenas as folhas que se apresentarem antes de uma flor prestes a abrir ou recentemente aberta;

4) áreas com plantas cloróticas, solo, cultivares e idades diferentes devem ser amostradas separadamente;

5) colocar as folhas num saco de papel comum, encaminhando-as para os laboratórios de análise o mais rápido possível;

6) se não chegarem ao laboratório antes de dois dias, as amostras deverão ser lavadas e secas ao sol, dentro dos próprios sacos, até se tornarem quebradiças;

7) identificar a amostra para que possa ser relacionada posteriormente com a área amostrada.

8.2.1. Adubação orgânica

Os solos tropicais apresentam baixa fertilidade, o que está ligado entre outros fatores, aos baixos teores de matéria orgânica. O mamoeiro responde bem à adubações orgânicas, que traz como vantagens a melhoria das condições físicas, químicas e biológicas do solo. Deve ser aplicado 15 litros de esterco de curral, ou 3 litros de esterco de galinha ou 2 litros de torta de mamona na cova de plantio juntamente com os fertilizantes minerais.

8.2.2. Adubação verde

A adubação verde é outra prática que, por incrementar a cobertura do solo, protege e melhora a sua estrutura física. Além disso, as leguminosas e a sua associação com bactérias do gênero *Rhizobium*, incorporam em seus tecidos o nitrogênio atmosférico por meio da fixação biológica, dispensando assim, a adubação química com esse nutriente. Só deve plantar leguminosa depois que o mamoeiro estiver no mínimo 60 dias depois do plantio.

8.3. RECOMENDAÇÃO DE ADUBAÇÃO

Nas recomendações de adubação deve-se dá preferência as orientadas pelas análises de solo, mas em regiões com dificuldades em realizar as análises de solo recomenda-se seguir as adubações abaixo:

8.3.1. Adubação de recipientes

As quantidades de adubo por m^3 (1000 L) de substrato são:

1) *600 a 800 g de P_2O_5 (Superfosfato simples);*
2) *300 a 400 L de esterco de curral;*
3) *15 a 20 kg de calcário dolomítico.*

8.3.2. Adubação foliar das mudas no viveiro

Solução a 0,1% de ureia, caso as folhas velhas se apresentam amarelas e solução a 0,5% de ureia, quando o amarelecimento é generalizado e as mudas apresentarem quatro a seis pares de folhas.

8.3.3. Adubação de plantio e de cobertura

As adubações de cobertura devem ser efetuadas em intervalos frequentes, mensalmente, ou de dois em dois meses, ou de acordo com o regime de chuvas da região. Deve-se ter sempre uma boa umidade no solo e os adubos devem ser colocados em círculo, na projeção da copa do mamoeiro, usando-se fertilizantes, preferencialmente, solúveis. Pelo menos um deles deve ser também fonte de enxofre. É importante colocar fósforo (P) e adubo orgânico na cova para estimular o desenvolvimento radicular e o bom pegamento da muda.

Do primeiro ao oitavo mês, a planta precisa principalmente de nitrogênio (N), que não pode faltar neste período; e, do sétimo em diante, os maiores requerimentos são em N e potássio (K). As adubações com P podem ser menos frequentes que as com N e K, recomendando-se alternar formulações NK e NPK, nas adubações em cobertura.

Em períodos de chuvas fortes, devem-se utilizar fórmulas de adubo com menos N, assim como aumentar o número de parcelamentos. Acredita-se que adubações elevadas de N ocasionem a formação de frutos com polpa menos firme e, consequentemente, menos resistentes ao transporte. Além disso, é atribuída à relação N/K grande importância na produção e qualidade da cultura. Embora a quantidade de K utilizada seja dependente dos níveis desse elemento no solo, em geral, a relação N/K_2O na formação do plantio deve ser em torno de 1,0/1,0, enquanto na produção é de 1,5/2,0 ou 2,0/3,0.

8.3.4. Adubação com micronutrientes

Devem ser aplicados na cova de 50 g a 100 g de FTE Br-8, FTE Br-9 OU FTE Br-12, baseando-se sempre na concentração de boro do produto (de 1 g a 2,5 g de B/cova). Quando não for feita a aplicação na cova e/ou as plantas apresentarem sintomas de deficiência, seguir o seguinte esquema:

- **Boro** - solução de ácido bórico a 0,25% (H_3BO_3 17,5% de B), feita preventivamente, pulverizando-se as folhas duas vezes por ano. Corretivamente, aplicar 1,13 g de B no solo (6,5 g de ácido bórico/planta) na projeção da copa, acompanhada de pulverizações foliares com solução de ácido bórico a 0,25%, de dois em dois meses, até o desaparecimento dos sintomas nos frutos novos.

- **Zinco** - solução de sulfato de zinco a 0,5% ($ZnSO_4 7H_2O$, 21% de Zn).

8.3.5. Pesquisa sobre nutrição da pinheira

Segundo Silva e Silva (1997), as anonáceas, como as demais frutíferas, retiram do solo grande quantidade de elementos minerais, sendo que a pinha absorve quase que o dobro das quantidades absorvidas pela gravioleira.

De acordo com recomendações da Embrapa (1993), no Ceará deve-se aplicar, parceladamente, durante o período chuvoso, a partir do 4° ano, 180 g de N, e, de acordo com análise de solo, de 40 a 120 g de P_2O_5 e de 60 a 180 g de K_2O. Este boletim recomenda, ainda, de 15 a 20 L de esterco curtido por planta por ano. Rego (1992), estudando o efeito da matéria orgânica fornecida como esterco bovino curtido, nas dosagens 0, 5, 10, 15 e 20% em mudas de graviola durante quatro meses, após analisar vários parâmetros de crescimento concluiu que o nível de 15% foi o mais eficiente.

Vale salientar que as informações adequadas das quantidades de fertilizantes a serem aplicados em cada condição de plantio permitem otimizar seu cultivo, gerando melhor renda ao produtor, porém no caso da pinha, poucos estudos foram realizados em relação à nutrição mineral e as recomendações de adubações são muito diversas. Couceiro (1973) ressaltou que a adubação em cobertura para o desenvolvimento da pinha é importante e, quando estas entram em frutificação, ele recomenda-se empregar 90 g de N, 120 g de P2O5 e 100 g de K2O, por planta e por vez, em 2 a 3 aplicações em cobertura, durante o período de desenvolvimento vegetativo.

Costa (2001), trabalhando com a cultura da pinha no Norte do Estado do Rio de Janeiro, verificou que a composição mineral nos tratamentos que proporcionaram maior produtividade apresentou variação para os diversos elementos analisados, sendo que os teores dos elementos na matéria seca foliar, relacionados com a máxima produtividade de frutos variaram de 26,5 a 39,4 g kg-1 de N, 1,43 a 2,49 kg-1 de P, 10,7 a 20,5 g kg-1 de K, 9,52 a 13,8 g kg-1 de Ca, 3,27 a 4,18 g kg-1 de Mg, 1,87 a 2,63 g kg-1 de S, 7,24 a 9,05 g kg-1 de Cl, 60,4 a 133 mg kg-1 de Fe, 13,5 a 22,8 mg kg-1 de Zn, 148 a 190 mg kg-1 de Mn, 8,07 a

15,6 mg kg-1 de Cu e 32,1 a 46,6 mg kg-1 de B. Ainda, segundo Costa (2001), a adubação nitrogenada influenciou no aumento no número de flores e de frutos e na percentagem de frutos formados, a adubação nitrogenada e as aplicações de boro não influenciaram no comprimento e no diâmetro dos frutos, porém aumentaram o número de frutos e a produtividade das plantas. A aplicação de boro foliar elevou o vingamento dos frutos.

Enquanto, Sadhu e Ghosh (1976) citaram que pinheiras deficientes em potássio têm o seu crescimento reduzido, as folhas superiores tornam-se de coloração verde-claro e as folhas inferiores mostram secamento do ápice com a lâmina foliar parcialmente amarelada. Algumas florescem, porém não frutificam. Estes mesmos autores, estudando deficiência do fósforo em pinheira, constataram que houve baixo florescimento e frutificação, além de retardar o florescimento em 15 dias, quando existia pequena disponibilidade este elemento.

9. PRAGAS

9.1. Broca-da-semente - Bephrateloides maculicollis, Bondar, 1928)

Descrição do inseto – O adulto é uma vespinha (Foto abaixo) com cerca de 0,6 mm de comprimento. Suas asas são de cor branco-transparente, com uma listra preta transversal. Deposita seus ovos sobre a epiderme de frutos.

BROCA DA SEMENTE

Oviposição da broca-da-semente de graviola *Bephrateloides pomorum* (Fabricius, 1908) (Hymenoptera: Eurytomidae).

Fig. 1 - Seqüência da oviposição de *Bephrateloides pomorum* (Hymenoptera: Eurytomidae), em fruto de graviola. Barra = 2 mm. (Em A, B e C seta indicando o ovipositor)

Após a eclosão, a pequena larva penetra no fruto, abrindo galerias na polpa à procura de sementes, onde vai se alojar e completar o seu desenvolvimento. O adulto, ao emergir da semente, percorre o caminhamento de saída até a casca do fruto, onde faz um orifício. Assim, os orifícios deixados na casca são sinais de saída das vespas adultas.

Controle – Para o controle desta praga recomendam-se as medidas a seguir: Inspecionar semanalmente o pomar, a partir do período de frutificação, a fim de coletar, queimar ou enterrar, a uma profundidade de 50 cm, todos os frutos atacados, na planta ou caídos no solo; Ensacar os frutos ainda pequenos, usando sacos de papel parafinado ou de plástico, os quais devem ter vários orifícios com 0,3 a 0,5 cm de diâmetro, no fundo e lateralmente, visando evitar acúmulo de água e apodrecimento dos frutos; Pulverizar, a cada 15-20 dias, com inseticidas à base de trichlorfon, monocrotophos ou endossulfan, nas concentrações de 0,10%, 0,05% e 0,08%, respectivamente, iniciando-se esta operação quando os frutos ainda estiverem pequenos.

As pulverizações devem ser dirigidas aos frutos, para não afetar os insetos polinizadores. Podem-se adicionar às soluções destes produtos fungicidas à base de benomyl (60 g do i.a./100litros de água) ou tiofanato metílico 9100 g do i.a./100 litros de água), para o controle de doenças fúngicas (Embrapa, 2001).

9.2. Broca-do-tronco: Cratosomus bombina bombina (Fabricius,1787) (Coloeoptera-Curculionidae) – Sin. C. bombinus bombinus (Bondar,1939).

Descrição do inseto – a Broca-do-Tronco (Foto Abaixo), o adulto é um besouro de formato convexo, medindo cerca de 22 mm de comprimento por 11 mm de largura. Possui coloração preta e cinza escura, com faixas amarelas transversais no tórax e nos élitros. A fêmea deposita seus ovos no tronco ou nos ramos, inserindo-os abaixo da epiderme, em pequenos orifícios situados principalmente nas intersecções dos ramos. Cada fêmea põe, em média, um ovo. As larvas eclodem entre 16 e 21 dias após a postura, quando começam a abrir galerias no caule ou nos ramos, prejudicando a planta e afetando os vasos de circulação da seiva. A larva após permanecer no interior da planta por mais de 100 dias, em câmara feita próxima a casca, transforma-se em pupa e dentro de 50 dias emerge o adulto.

Broca do Tronco

Sintomas e danos – É uma coleobroca que faz perfurações e galerias no interior de galhos e troncos de pinheira de qualquer idade. Os sintomas dessa broca são facilmente reconhecidos pela presença de excrementos, exsudação pegajosa e escura no tronco, além de uma serragem característica, formada por fragmentos alongados, a qual, em parte, acumula-se, obstruindo galerias. Além de prejudicar o desenvolvimento da planta e reduzir a produtividade, os ferimentos causados por essa praga servem de porta de entrada para fungos que podem causar podridão dos tecidos e matar rapidamente a planta ou galhos isolados (Embrapa, 2001).

Controle – Como medidas de controle, recomenda-se;

1. Fazer uma poda de limpeza, devendo ser eliminados e queima de todos os ramos brocados e secos;

2. Após a poda, pincelar a área afetada com uma pasta composta de cal extinta (4 kg), sulfato de cobre (1 kg), enxofre (100 g), diazinon (200 g), sal de cozinha (100 g) e água (12 l).

3. Alternativamente, injetar inseticidas à base de monocrotophos ou endossulfan a 0,8%, nas perfurações feitas pela praga. Em seguida, vedar os orifícios com cera de abelha ou sabão. Outro produto que tem sido usado com êxito é o

querosene, injetado no último orifício que a broca fez no caule.

9.3. Broca-do-fruto (Cerconota anonella),(Sepp, 1830) (Lepidoptera-Stenomatidae).

Descrição do inseto - quando adulto, o inseto é uma mariposa que possui cerca de 25 mm de envergadura, de coloração branco-acinzentada com reflexos prateados e hábito noturno. A postura é feita sobre os frutos, brotações e, em casos de altas infestações, pode ocorrer nas flores. As larvas completamente desenvolvidas podem medir até 20 mm de comprimento e possuem coloração vermelho-pardacentas.

No processo de alimentação, destroem a polpa e até mesmo as sementes, fazendo galerias que, posteriormente podem ser invadidas por patógenos.

Sintomas e danos - A lagarta da broca-do-fruto da pinheira, recém - emergida do ovo, ataca os frutos de qualquer tamanho e idade, perfura a casca e penetra na polpa, onde completa seu ciclo. Em consequência do ataque, os frutos novos apodrecem, podem cair ou ficar aderidos à planta. Em frutos de meia idade, o ataque causa endurecimento e enegrecimento da parte afetada, podendo em muitos casos, torná-los imprestáveis para a comercialização. Além disso, esta praga serve de porta de entrada para vários microrganismos patogênicos que predispõem ou causam a podridão da polpa.

Controle – Para o controle desta praga, as seguintes medidas são recomendadas:

1. Inspecionar o pomar, semanalmente, a partir do início da floração, para verificar a existência de flores ou frutos danificados;

2. Coletar e enterrar, a 50 cm de profundidade, todos os frutos atacados que se encontrem na planta ou caídos no solo;

3. Pulverizar, de forma direcionada, a intervalos de 10 a 15 dias, inflorescências e frutos, pequenos e grandes, com inseticidas à base de trichlorfon a 0,16%, ou fenthion a 0,075%, ou monocrotophos a 0,10%, ou endossulfan a 0,15%;

4. Ensacar os frutos ainda pequenos, usando sacos de papel parafinado ou de plásticos translúcidos, com vários orifícios de 0,3 a 0,5 cm de diâmetro no fundo e lateralmente, visando evitar o acúmulo de água e o consequente apodrecimento do fruto;

5. Utilizar armadilhas luminosas no pomar (uma armadilha/hectare) em local bem visível, para detectar as infestações logo no seu início. O controle químico deve ser iniciado quando se coletar uma mariposa por armadilha (São José, 1997).

9.4. Cochonilha-de-cera – Ceroplastes sp. (Homoptera-Coccidae).

Descrição do inseto – Esta cochonilha apresenta o corpo geralmente revestido de cera branca. Quando está sem o revestimento branco, tem coloração parda, branca-creme ou branca-rosado. Mede de 3 mm a 4 mm de comprimento, de 2 mm a 2,5 mm de maior largura por 1,5 mm a 2 mm de altura.

Sintomas e danos – Este inseto ataca principalmente ramos novos e folhas. Sugam a seiva enfraquecendo as plantas e favorecem o aparecimento do fungo *Capnodium citri*, causador da fumagina, pela eliminação de substância açucarada.

9.5. Cigarrinha-verde – Empoasca sp. (Homóptera-Cicadellidae).

Descrição do inseto – As cigarrinhas são insetos pequenos, sugadores de seiva, cujas formas jovens (ninfas) apresentam coloração amarelo-esverdeadas. Os adultos, verde-acinzentados, possuem um formato triangular e 3 mm a 4 mm de comprimento. A movimentação lateral é a característica mais marcante deste inseto. A postura é endofítica e é realizada de preferência ao longo da nervura das folhas, ovopositando em média 60 ovos/fêmea. O ciclo de vida desse inseto (ovo a adulto) é de aproximadamente 21 dias. As ninfas e os adultos são encontrados normalmente na face inferior das folhas mais velhas, sugando a seiva.

Sintomas e danos – Os sintomas dessa praga em pinheira, devido à sucção contínua se caracteriza pelo aparecimento de manchas amarelas. Sob ataque intenso as folhas tornam-se encarquilhadas, adquirindo uma coloração amarelada nos bordos e, posteriormente, ocorrem o secamento e a queda prematura, afetando o desenvolvimento da planta.

Controle – Para o seu controle aplica-se trichlorfon (240 ml/ 100 litros de água de Dipterex 50 CE), somente quando houver ataque.

Em uma experiência realizada no município de Cerro-Corá, no Rio Grande do Norte, onde colocou-se armadilhas do tipo Garrafa Pet (Foto abaixo), com mel e amido de milho e observou-se que vários insetos que foram coletados tinham mais efeitos benéficos, principalmente por serem insetos polinizadores. Aconselhamos o monitoramento como maneira de melhor acompanhamento e controle de pragas.

Armadilha

Insetos Coletados

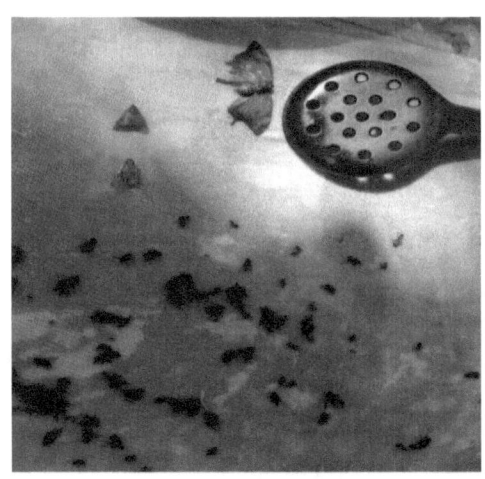

10. DOENÇAS

No Brasil, várias doenças atacam as anonáceas. As principais enfermidades que afetam os pomares de pinheira são a antracnose e a podridão seca.

10.1. Antracnose – C. gloeosporioides

O agente causal da Antracnose (Foto Abaixo) é o fungo Colletotrichum gloeosporioides (Penz.) Sacc., que na forma perfeita corresponde a Glomerella cingulata (Stonem.) Spauld. & Schrenk. Este fungo sobrevive de um ano para outro nas lesões velhas da cultura, principalmente nas folhas. A disseminação é feita principalmente pelo vento e por respingos de chuva. A umidade é o principal fator que determina a gravidade da doença. Longos períodos de chuva e de dias encobertos, bem como o orvalho noturno intenso, são condições favoráveis ao desenvolvimento da doença.

Sintomas - O fungo ataca as folhas, flores e frutos, desde sua formação até o amadurecimento, preferindo tecidos jovens. Nas folhas, produz lesões irregulares no limbo ou nas nervuras, sendo inicialmente pardo-escuras e, depois, esbranquiçadas no centro e cercadas de pontuações pretas e salientes, podendo recobrir todo o limbo, provocando assim, distorção e queda das mesmas. Nas flores, o fungo pode provocar a queda destas. Nos frutos, observam-se manchas escuras que coalescem, tornando-os enegrecidos e mumificados.

Antracnose e mumificação dos frutos

Controle – A doença pode ser eficientemente controlada através de pulverizações com oxicloreto de cobre a 0,15% (150g do princípio ativo/100 litros de água), intercalados com benomyl a 0,06% (120g de Benlate/100 litros de água), a intervalos de 7 a 10 dias, durante o período chuvoso e de 15 a 20 dias durante o período seco.

Aplicações com mancozeb 0,24% (300g de Manzate-D/100 litros de água) e tiofanato metílico a 0,14 (200g de Cercobin M-70/100 litros de água) também controlam a doença. Estes produtos ainda não estão registrados no MA para uso em pinheira.

10.2. Podridão seca – (Lasiodiplodia theobromae) sin. Botryodiplodia theobromae

Etiologia – O agente causador da podridão seca da pinheira é o fungo Lasiodiplodia theobromae (Pat.) Griff. & Maubl. (= Botryodiplodia theobromae Pat.), que também ataca outras fruteiras tropicais de importância econômica tais como cajueiro, coqueiro, goiabeira, gravioleira, mangueira, mamoeiro, tamareira e videira. É um fungo oportunista ou secundário, que para causar doença, necessita de algum ferimento para penetrar no interior dos tecidos da planta. Em função disso, qualquer tipo de estresse, seja nutricional, hídrico ou provocado por pragas e doenças ou por fitotoxidez de defensivos agrícolas, torna as plantas e/ou frutos altamente vulneráveis ao ataque desse fungo. Este fitopatógeno frutifica na planta em ramos secos remanescentes ou em restos da cultura, onde sobrevive como saprófita, sendo disseminado principalmente, pelo vento, por insetos e ferramentas de poda.

Sintomas – a podridão seca afeta galhos, ramos, flores e frutos. Nos ramos mais jovens ocorre a seca descendente, provocando amarelecimento das folhas, as quais secam e caem. Estes ficam desnudos, com coloração marrom-clara a marrom-escura. Nos galhos atacados de plantas adultas, observa-se uma necrose escura entre a casca e o câmbio. Nas flores e frutos novos, a doença provoca a morte e a queda destes. Em frutos desenvolvidos, a podridão seca exterioriza-se na forma de lesões escuras, deprimidas, que se aprofundam na polpa causando o apodrecimento e a mumificação dos mesmos.

Controle – Esta doença pode ser controlada adotando-se as seguintes medidas:

- Proceder à vistoria periódica do pomar, principalmente nas épocas de floração e frutificação;

- Evitar submeter as plantas a estresse hídrico ou nutricional prolongado;

- Fazer os tratos culturais e adubações adequadas; controlar adequadamente as brocas do ramo e fruto;

- Podar e eliminar sistematicamente os ramos e galhos afetados ou secos que possam favorecer a sobrevivência do fungo no pomar;

- Eliminar todas as plantas mortas e frutos velhos, caídos ou remanescentes, reduzindo assim, o potencial de inoculo no campo;

- Proteger com uma pasta cúprica os locais que foram podados, a fim de evitar novas infecções; e,

- As ferramentas utilizadas na poda devem ser imediatamente desinfestadas com uma solução de água sanitária (hipoclorito de sódio) a 2%, para evitar a transmissão do fungo para outras plantas;

Nos galhos atacados, raspar superficialmente a lesão e pincelar o ferimento com uma pasta à base de: 6 g de benomyl (12 g de Benlate),50 ml de óleo de soja, 500 g de cal hidratada e 300 a 500 ml de água. O fungicida benomyl pode ser substituído por 10 g de tiofanato metílico (14 g de Cercobin M-70).

Vale ressaltar que embora esses produtos sejam eficientes tanto para Praga como para Doença não estão registrados, para uso em pinheira no Ministério da Agricultura.

11. INSTALAÇÃO DO POMAR

11.1. SISTEMAS DE PRODUÇÕES.

11.1. SISTEMA DE PRODUÇÃO EXTRATIVISTA

Este sistema de exploração é a forma predominante nas regiões produtoras, causado pela forma de sua ocorrência (natural), que ainda é silvestre, embora esteja em fase de domesticação, passando pela utilização de eficiências metodológicas de cultivo testadas e aprovadas com resultados promissores advindos da pesquisa, visando o melhoramento da espécie e de sua produção.

A exploração extrativista é comum e corriqueira nos estados, pelo fato da cultura ocorrer de forma espontânea e natural na região dos tabuleiros costeiros dos Estados. Com a forte demanda desse fruto e a redução das áreas devolutas por razões diversas, causando diminuição de áreas extrativistas e, ao mesmo tempo, a conscientização de que essa frutífera se constitui como a melhor opção de cultivo, a implantação e ampliação dos pomares já é um fato perceptível, pois haja vista que, tanto existe a necessidade da produção de frutos como a recomposição da cobertura vegetal e a recuperação de matas ciliares do ecossistema.

Este tipo de exploração é realizado ou cultivado naturalmente, onde esta cultura é totalmente adaptada, e que depende totalmente da pluviosidade, o que na região das serras não se constitui em problema, uma vez que o índice pluviométrico é de aproximadamente 800 mm/ano, nos anos de invernos regulares.

Os frutos são classificados pelos intermediários, uma vez que esta produção é destinada para comércio nas feiras-livres, a parte restante, que corresponde a um pequeno percentual é vendida pelos próprios produtores diretamente aos consumidores, que faz uma pequena seleção apenas para separar os frutos por tamanhos.

O armazenamento, não acontece, havendo apenas, um pequeno espaço de tempo para que seja transportado ao seu destino final. Atualmente os supermercados já compram desses produtores.

11.2. SISTEMA DE PRODUÇÃO TECNIFICADO.

Os plantios de Pinha que utilizam o sistema de produção tecnificado (Sistema Comercial), representam aqueles realizados pelos produtores, que de forma consciente e com o auxílio de técnicos, elaboram e planejam os cultivos, que podem ser encontrados em maior escala em perímetros irrigados.

Dentre as metas do referido projeto, a assistência técnica e a capacitação de produtores, nas atividades do sistema de produção como na parte de produção e pós-colheita, os quais são realizados regularmente, como forma de estimular e desenvolver o nível tecnológico dos produtores.

Esta prestação de serviços confere sinais de avanço, por exemplo, na decisão dos produtores em processar a produção de frutos, como forma de agregar valor ao produto final. Outros que optaram por comercializar na forma *in natura* procuram oferecer uma apresentação melhor, através de embalagens na forma de bandejas de isopor com cobertura de plástico filme, redinhas de nylon, além de melhorar o aspecto, agrega valor ao produto.

O Coeficiente Técnico médio de implantação da cultura por hectare gira em torno de R$ 3.810,00, exceto sistema de irrigação, utilizando-se todos os recursos de materiais e serviços, recomendados no Sistema de Produção. Os valores referentes aos custos de manutenção da cultura durante o segundo e terceiro ano são de aproximadamente de R$ 3.340,00 e R$ 4.625,00, respectivamente, mantendo-se praticamente inalterados nos anos seguintes.

Nos três primeiros anos da cultura a receita é baixa, devido à ausência de produção de frutos, ficando para os anos seguintes o início das receitas provenientes da produção, que de acordo com a produtividade dos pomares, será iniciado a amortização do capital empregado.

Alguns produtores com o intuito de minimizar os custos de produção e de melhor aproveitar suas áreas, principalmente nos primeiros anos, fazem consórcio com culturas de ciclo rápido e hábito rasteiro, na tentativa de melhorar seus rendimentos e compensar o investimento aplicado.

O segmento da comercialização dentro da cadeia produtiva da Pinha, em plantios tecnificados demonstram fluxos que devem ser evidenciados, caso seleção e embalagem.

Diversos produtores comercializam seus frutos com atravessadores que, de forma organizada, selecionam os frutos e fazem o repasse para supermercados que, por sua vez, vende ao consumidor final. Os frutos que não se enquadram dentro dos padrões exigidos pelos supermercados são levados para as estradas, que absorvem com exigência mínima de qualidade, apenas do estado de maturação e sanidade.

11.2.1. PREPARO DO SOLO

O preparo do solo depende do tipo da vegetação existente na área a ser preparada. Para as áreas cobertas com capoeira densa, a prática consiste na broca, encoivaramento e incorporação dos restos culturais. Para os de capoeira rala, faz-se apenas o roço e encoivaramento. Posteriormente, devem-se coletar amostras de solo nas profundidades de 0–30 cm e 30–40 cm para análise laboratorial, e, mediante os resultados, elaborar um calendário para correção do solo e aplicação de fertilizantes.

Em áreas de solos areno-argiloso ou médio, deve-se arar a uma profundidade de 30 cm seguida de gradagem para melhorar a permeabilidade e aeração do solo. Em terrenos arenosos, essas operações deverão se resumir em gradagens leves, evitando um maior revolvimento do solo.

11.2.2.PLANTIO

Os espaçamentos mais utilizados para a cultura da pinha são: 7 x 5 m; 7 x 4 m; 6 x 5 m; 5 x 5 m; 5 x 4 m ou 4 x 4 metros (Foto Abaixo). Em solos com baixa fertilidade ou sob condições de sequeiro, devem-se optar pelos espaçamentos mais adensados, enquanto sob condições de irrigação ou em regiões com boa distribuição de chuvas devem-se usar maiores espaçamentos.

Área plantada

A profundidade de plantio deverá ser ajustada de forma que a superfície superior do torrão fique ao nível normal do solo. Após, a muda é firmada acrescentando-se terra ao torrão e pressionando-a levemente. A adubação de fundação deve ser orgânica e mineral, tendo-se o cuidado de encher a cova primeiramente com a terra retirada da parte de cima no coveamento. As mudas devem ser tutoradas para evitar tombamento das plantas. Em áreas de declive, deve-se fazer o plantio em curva de nível, usando-se banquetas individuais ou em faixas, para diminuir os efeitos da erosão.

11.2.3. TRATOS CULTURAIS

A pinheira pode ser propagada por sementes, estaquia e enxertia, entretanto, para as nossas condições, as sementes são mais usadas, são as sementes selecionadas e de cultivares recomendadas e, podem ser obtidas pelo próprio produtor, de fornecedores idôneos.

- **Produção de Mudas**

A semeadura normalmente é feita em recipientes plásticos, tubetes ou bandejas de isopor, sendo o saco de polietileno o tipo mais usado, com dimensões de 7,0 x 18,5 x 0,006 ou x 15 x 25 x 0,006 cm, correspondendo à largura, altura e espessura, respectivamente.

Como substrato, utiliza-se uma mistura de terra, areia e esterco de curral curtido na proporção de 3:1:1 ou 2:1:1. Existem alternativas bastante viáveis com misturas de outros compostos como: casca de café, palha de arroz carbonizada, pó-de-serra, carvão vegetal e plantmax.

- **Construção do viveiro**

O viveiro deve ser instalado em locais de fácil acesso, em terrenos de boa drenagem, plano ou levemente ondulado, distantes de outros plantios de mamoeiro ou de estradas e próximo a fonte de água para prover o sistema de irrigação. Podem ser construídos a céu aberto ou coberto com materiais de fácil acesso. As leiras devem ter de 1,00 a 1,20 m de largura e comprimento variável de acordo com o número de mudas. Entre elas deve-se deixar um corredor de 0,50 ou 0,60 m que permita ao viveirista o deslocamento necessário à realização dos tratos culturais e fitossanitários.

- **Semeadura**

Para as cultivares selecionadas, coloca-se duas a três sementes por saco, cobrindo-as com uma camada de 1 cm a 2 cm de terra fina e peneirada. Deve-se semear cerca de 15% a mais, para compensar falhas na germinação, perdas no viveiro e replantio no campo.

- **Desbaste no viveiro, irrigações e seleção de mudas**

Entre 10 a 20 dias após a semeadura ocorre a germinação, efetuando-se o desbaste. Em viveiros cobertos as irrigações deve ser diária, sem excessos. Nos viveiros descobertos deve-se irrigar, no mínimo duas vezes por dia. Cerca de 30 a 40 dias após a semeadura as mudas estarão aptas a serem plantadas em campo.

• Culturas intercalares

Por apresentar um ciclo longo, em torno de 25 de plantio comercial ao longo de vida, a pinheira pode ser consorciada com outras culturas anuais, as quais serão formadas a um custo relativamente baixo, uma vez que a irrigação, limpeza do mato e adubações poderão ser comuns às culturas consorciadas. Verifica-se em pomares comerciais vários consórcios de pinha com plantas de ciclo mais curtos, a exemplo de milho, arroz, feijão, batata doce, amendoim, leguminosas para adubação verde, em alguns estados como Bahia e Pernambuco.

• Controle de plantas infestantes

A pinheira é uma frutífera sensível à concorrência de plantas invasoras, que ocasiona significativa redução na produtividade e qualidade do fruto. O controle deve ser feito através de um programa que associe os vários métodos disponíveis, considerando-se as particularidades da planta tais como o sistema radicular superficial, que possibilita a penetração de fungos nos orifícios do sistema radicular e a sensibilidade da planta a alguns herbicidas.

Nas linhas de plantio pode-se associar a capina manual (coroamento das plantas) e aplicação de herbicidas, enquanto nas entrelinhas utilizam-se grades e roçadeiras. O uso desses implementos deve ser cuidadoso, com cortes de até 10 cm de profundidade, evitando-se assim, ferimentos no sistema radicular; é recomendável que seja utilizado até o 5º mês pós-plantio.

A aplicação de herbicidas pode ser economicamente viável pela redução da mão-de-obra, porém deve ser cuidadosa, procurando-se direcionar o jato com o auxílio do chapéu de Napoleão ou chinês e evitando-se os dias de ocorrência de ventos. Recomenda-se ser orientado por técnicos especializados no assunto.

• Desbrota

A pinheira pode emitir brotações laterais ao longo da haste principal, devendo ser eliminadas 30 dias após transplantio, com repetições da prática sempre que necessário.

- **Desbastes de frutos**

Uma prática recomendável é o desbaste de frutos (desfrute) uma vez que pode ocorrer o desenvolvimento de mais de um fruto por ramo, o que poderá trazer prejuízos em termos de seu tamanho e forma. Deve ser feita manualmente, com intervalos entre 20 a 30 dias e com os frutos ainda pequenos; pode-se deixar apenas 1 fruto/ramo ou alternar, dependendo da finalidade, mercado mais exigente ou não. Nessa ocasião, aproveita-se para a retirada de frutos com defeitos, tamanho reduzido e com formato fora do padrão. Recomenda-se o desbaste de frutos a partir do início da frutificação tendo em vista a eliminação dos defeituosos e de pequeno tamanho, pois a forma, o tamanho e o peso dos frutos são fatores limitantes na comercialização do mamão.

- **Poda**

A poda é uma técnica de eliminação de partes vegetais vivas ou mortas,com a finalidade de regularizar a produção, aumentar e melhorar a qualidade dos frutos através do estabelecimento do equilíbrio entre o desenvolvimento vegetativo e a frutificação. Trata-se de uma prática cultural indispensável na exploração da cultura da pinha e requer conhecimento e habilidade para a sua correta execução. Fatores como a produtividade, precocidade, formas de condução e fase vegetativa da árvore podem ser seriamente afetados se não houver uma poda correta. Chaikiattiyos, citado por Kavati (1998), afirma que o florescimento em plantas tropicais é geralmente induzido por uma parada no seu desenvolvimento vegetativo. Em anonáceas esta observação é extremamente importante, pois a maioria das espécies cultivada comercialmente é de clima tropical, com exceção da Cherimóia, que exige clima subtropical ou tropical de altitude para boas produções. No entanto, para todas as espécies, sem exceção, o principal pico de florescimento surge a partir de um período desfavorável ao desenvolvimento vegetativo que, no caso das espécies do Grupo Attae, no descobrimento das gemas subpeciolares pela queda das folhas. Portanto, no florescimento, as flores podem surgir diretamente dos ramos de um ano de idade e, também, dos brotos em início de desenvolvimento, que emergem a partir destes mesmos ramos outonados.

Em uma mesma gema pode surgir flores e novos ramos. Este hábito de florescimento também em ramos em desenvolvimento permite supor que qualquer manejo que favoreça a emissão de novas brotações poderá provocar um novo florescimento na planta, desde que outros fatores não afetem o desenvolvimento da flor, o pegamento e o desenvolvimento da fruta, possa propiciar, assim, uma safra adicional.

As podas, tanto de inverno quanto de verão, consistem no encurtamento de todos os ramos de um ano cuja base se insira até 160 cm do solo, reduzindo-os para 10 a 12 gemas na poda de inverno e 6 a 8 gemas na poda de verão. Apesar de diversos fatores interferirem na produção, as podas realizadas no verão produzem safras temporãs, indicando que esta operação estimula o aumento da produtividade em Atemóia (Kavati, 1998).

A poda pode ser longa, com um maior número de gemas por ramo, ou curta, sendo que ambas estimulam novo fluxo vegetativo. Segundo Ferrari et al., (1998) os melhores resultados são obtidos quando se utiliza a poda longa. Cavalcante et al. (1998) observaram, em experimento realizado com graviola (*Annona muricata* L.), a ocorrência de maior concentração dos frutos no terço médio da planta, tanto no caule como nos ramos, sendo a frutificação nos ramos bastante superior à do caule, ramos com diâmetro entre 11 e 15 mm apresentaram maior frequência de frutificação. Segundo Pinto e Ramos (1998), as podas longa e curta reduziram significativamente a altura, porém, não afetaram o diâmetro da copa das plantas. A produção não foi influenciada por nenhuma das podas, no entanto, a polinização manual, influenciou no aumento da produção, resultando em 64% do desenvolvimento de frutos, contra apenas 23% proveniente da polinização natural.

A poda de verão na pinha é empregada para uniformizar uma segunda safra natural, em pomares adequadamente nutridos. Para isso, ramos com mais de

3 meses de idade, quando apresentam pelo menos 2/3 de seu comprimento já maduro, com a casca lignificada, são encurtados, deixando-se cerca de 8 a 12 gemas, que devem ser estimuladas pela desfolha pela ocasião do desponte (Kavati e Piza Jr, 1997). Segundo Garcia et al. (2000), a poda, quando bem executada, promove um novo fluxo de crescimento vegetativo, permitindo a obtenção de uma nova safra na mesma estação. No entanto, os mesmos autores alertam que as respostas ao estímulo para obtenção do novo ciclo são muito influenciadas pelas condições climáticas. Portanto, existe a necessidade de regionalização dos estudos para que se possa determinar a possibilidade de desenvolvimento dos ramos, a partir da poda, em função das condições climáticas da região onde está sendo realizado o estudo.

- Princípios fisiológicos e fundamentos da poda, Segundo Simão (1998), os princípios fisiológicos da poda são os seguintes:

  o O vigor e a fertilidade de uma planta dependem, em grande parte, das condições edafoclimáticas;

○ O vigor de uma planta depende da eficiência na condução dos fotoassimilados; existe uma estreita relação entre o desenvolvimento da copa e o sistema radicular esse equilíbrio afeta o vigor e a longevidade das plantas;

○ A produção e translocação de fotoassimilados ocorrem com maior intensidade em ramos bem iluminados; folhas são órgãos fotossintetizantes, sua redução ou exclusão afeta diretamente a planta;

○ Existem espécies que frutificam apenas nos ramos formados no ano e outras produzem durante vários anos nos mesmos ramos; o aumento do diâmetro do tronco está em relação inversa com a intensidade da poda; o vigor das gemas depende da sua posição e do seu número nos ramos; a poda drástica retarda a frutificação. As funções reprodutivas e vegetativas são antagônicas.

• Os principais objetivos da poda citados por Leão e Maia (1998) são:

- Impulsionar a produção precoce das plantas; uniformizar a produção, evitando que o excesso de carga prejudique a próxima safra;

- Melhorar a qualidade dos frutos; distribuir os fotoassimilados de forma mais uniforme pelos órgãos vegetais;

- Proporcionar uma forma adequada e determinada à planta.

Dependendo da fase do ciclo vegetativo, podem ser realizados dois tipos de poda: A seca ou de inverno, quando a planta se encontra em fase de repouso e a poda verde ou de verão, que é um complemento da anterior realizada durante o crescimento vegetativo da planta. A poda de verão ou verde é realizada durante o período de vegetação, florescimento, frutificação e maturação dos frutos e tem por finalidade melhorar a sua qualidade e manter a forma da copa, pela supressão de partes da planta. Melhora o desenvolvimento dos ramos inferiores, elimina os brotos laterais improdutivos que se desenvolvem a custa das reservas, em detrimento do florescimento e da frutificação (Simão, 1998).

- **Indução floral através da poda**

Apesar de ser fundamental a utilização da técnica da poda para as anonáceas, bem como os métodos de polinização artificial, esses ainda são pouco utilizados pelos produtores de pinheira como um processo de indução floral e produção em épocas mais oportunas de mercado. Isso se deve principalmente ao fato de que, no Brasil, poucas são as pesquisas nessa linha. Pizza Júnior e Kavati (1997) mencionam que, na prática da poda de produção para a Atemóia, em Mirandópolis e Lins, os ramos são podados como manejo de época de produção da segunda safra, concentrando a produção em apenas um mês. Martelleto (1997) recomendou o desponte e desfolha dos ramos terminais para forçar o desenvolvimento de gemas e, consequente, a emissão de novas brotações para as condições verificadas no estado do Rio de Janeiro. Com o uso da poda de produção associada ao suprimento hídrico através da irrigação, têm se, concentrado parte da produção, nos meses de fevereiro e março e em junho e julho. Ferrari et al. (1998), estudando vários tipos de poda para a fruta-do-conde, verificaram que a poda longa com apenas duas gemas apicais descobertas, além de estimular um novo fluxo vegetativo, proporcionou também bons resultados com relação ao florescimento. Torna-se necessário que a prática de indução floral através da poda de produção, juntamente com outras técnicas, como a desfolha e a polinização artificial podem ser utilizadas pelos produtores para que se possa ter uma resposta mais uniforme em relação à produção, além de um produto de melhor qualidade, esperando-se com isso, uma maior regularidade de produção durante o ano, o que representa uma remuneração maior ao produtor.

• IRRIGAÇÃO E FERTIRRIGAÇÃO

• Irrigação

A necessidade hídrica da pinheira é variável de acordo com as condições edafoclimáticas, porém considera-se que regiões com índices pluviométricos inferiores a 1.000 mm/ano o uso de irrigação seja fundamental.

Na região norte do Estado de Minas Gerais, que se assemelha às regiões semiáridas do nordeste brasileiro, se aplica, nos primeiros seis meses da cultura, lâminas entre 15 a 20 mm com turno de rega entre 7 a 10 dias; a partir do 7º mês lâminas com 50 a 60 mm e turnos de 10-14 dias.

A escolha do método de irrigação depende de características da área (uniformidade e tipo de solo), do volume de água disponível, das condições climáticas e do custo de implantação e manutenção.

A irrigação por aspersão tem uma possibilidade de adaptação as mais variadas situações, porém o custo inicial é muito elevado. Considerando-se a grande incidência de doenças fúngicas sobre folhas e frutos a aspersão pode agravar o problema; como alternativa para minimizar adota-se a aspersão sub copa.

Os sistemas de irrigação localizada como o gotejamento e a microaspersão, embora mais caros, se adéquam a particularidades da pinheira e apresentam como vantagens: maior eficiência no uso da água, adaptação a diferentes tipos de solo e topografia, menor mão-de-obra e a possibilidade de se fazer a fertirrigação. Esses sistemas se caracterizam pela disponibilidade de água em pequenas intensidades e alta frequência (turnos de rega entre 1 a 5 dias). Enquanto, os gotejadores (2 gotejadores/cova) apresentam pressão entre 5 a 30 mca e vazão de 1 a 20 l/h, enquanto, nos microaspersores (1 microaspersor/cova ou 1 microaspersor para 2-3 covas) a pressão é de 5 a 30 mca e vazão de 20-200 l/h, assim, verifica-se um consumo de até 45 litros/planta dia.

• Fertirrigação

A fertirrigação consiste na aplicação de fertilizantes via água de irrigação, obedecendo os seguintes critérios:

1) uniformidade de distribuição do sistema em pelo menos 95%;

2) os nutrientes devem ser complemente solúveis;

3) não deve haver reações entre os nutrientes de modo a formar precipitados na solução; e,

4) os nutrientes devem ser compatíveis com os sais existentes na água de irrigação.

Entre as principais vantagens da fertirrigação cita-se;

- *O atendimento das necessidades nutricionais da cultura de acordo com a curva de absorção das mesmas;*

- *Aplicação dos nutrientes restrita ao volume molhável onde se encontram a região de atividade de raízes; e,*

- *Economia de fertilizante e mão-de-obra.*

Entre as principais desvantagens cita-se:

○ *Necessidade de prevenir retorno do fluxo de solução à fonte de água; e,*

○ *Contaminação de manancial subsuperficial ou subterrâneo.*

13. COLHEITA E PÓS-COLHEITA.

As Plantas propagadas via semente, começam a produzir mais tarde que as plantas oriundas de enxertos. Plantios oriundos de semente iniciam sua produção entre três anos e meio a quatro anos, enquanto, que plantas enxertadas têm sua produção iniciada aos dois e meio a três anos e a estabilização da safra aos seis anos de idade.

A pinheira possui dois picos de colheita: um concentra-se nos meses de março a janeiro, enquanto, o outro chamado de "safrinha" concentra-se nos meses de julho a agosto.

Plantas resultantes de seleção, começaram a produzir comercialmente no quarto ano, com rendimento médio de 2.000 kg/ha/ano, para espaçamento de 7 x 7 m, com 204 plantas/ha.

No quinto, sexto e sétimo anos de idade, foi registrado produções de 4.000 kg, 6.500 kg e até 12.000 kg/ha, respectivamente, dependendo do manejo praticado no cultivo. Como é comum a toda frutífera perene, espera-se a estabilização da produção da pinheira ocorra no sexto ano, com rendimento médio de 64 kg/planta e produtividade de 13,05 t/ha/ano.

A colheita deve ser feita com o fruto ainda na planta, em estádio "de vez" quando houver a mudança de tonalidade do fruto. Nesse estádio, o fruto pressionado com os dedos, apresenta ligeira flacidez. Após a colheita, os frutos são classificados, selecionados e embalados.

A pós-colheita resume-se em lavagem, classificação, embalagem e direcionamento ao mercado pode ser acondicionado em caixas plásticas e revestidas com papel, ou bandejas de isopor para comercialização em feiras livres, estradas ou supermercados.

13. COMERCIALIZAÇÃO

A comercialização da pinha é feita de várias formas, prevalecendo o tipo de exploração oriundos do Extrativismo, onde são vendidos nas feiras livres, estradas, CEASA's e indústrias de processamento, enquanto, as do Cultivo Tecnificado (Comercial), são comercializadas com frutos mais bem elaborados, exemplos: lavados, classificados, embalados e direcionados aos supermercados e agroindústrias para o processamento.

A qualidade da produção pode ser afetada pela colheita realizada antes do ponto ideal de maturação, quando se colhem frutos verdes, e, utiliza-se o uso do abafamento dos frutos, por meio de lonas plásticas, forçando o amadurecimento dos frutos, em decorrência da elevação da temperatura. Uma das desvantagens do uso dessa prática, é que, os frutos escurecem a polpa, causando o apodrecimento, o que ocasiona em significativa perda de pós colheita, porém, os frutos que sobram podem ter ou não o seu sabor alterado, afetando assim, uma redução do preço final do fruto.

Plantas resultantes de seleção, começaram a produzir comercialmente no quarto ano, com rendimento médio de 2.000 kg/ha/ano, para espaçamento de 7 x 7 m, com 204 plantas/ha (Tabela abaixo).

No quinto, sexto e sétimo anos de idade, foi registrado produções de 4.000 kg, 6.500 kg e até 12.000 kg/ha, respectivamente, dependendo do manejo praticado no cultivo. Como é comum a toda frutífera perene, espera-se a estabilização da produção da pinheira ocorra no sexto ano, com rendimento médio de 64 kg/planta e produtividade de 13,05 t/ha/ano.

Tabela - Coeficiente Técnico para implantação e manutenção de 1 ha de Pinheira, no espaçamento de 7 m x 7 m (204 plantas/ha).

ESPECIFICAÇÃO	UNIDADE	QUANTIDADE		
Preparo do terreno		1o.Ano	2o. Ano	3o. Ano
Araçao e Gradagem	h/dia	6	-	-
Marcação das covas	h/dia	4	-	-
Covas para mudas	h/dia	15	-	-
Fechamento das covas	h/dia	1	-	-
Transporte das mudas	h/dia	1	-	-
Distribuição de mudas	h/dia	1	-	-
Plantio e Replantio	h/dia	25	-	-
Tratos Culturais				
Tutoramento	h/dia	2	-	-
Podas	h/dia	3	3	3
Coroamento	h/dia	3	3	3
Pulverizações	h/dia	2	2	2
Colheita e embalagem	h/dia		-	1
Insumos				
Mudas/ replantio 15%	h/dia	215	-	←
Adubo foliar	L	2	2	2
Inseticidas	L	2	2	2
Fungicidas	L	2	2	2

14 – BIBLIOGRAFIAS CONSULTADAS

ARAÚJO FILHO, G. C. de ; ANDRADE, O. M. S.; CASTRO, F. de A. ; SÁ, S. T. de. Instruções Técnicas para o cultivo da ateira. Fortaleza: CNPAT, 1998. 9p. (CNPAT, Instruções Técnicas, n. 1).

ARAÚJO, J. F.; RAÚJO, J. F. ; ALVES, A. A. C. Instruções técnicas para o cultivo da pinha (Annona squamosa L.). Salvador: EBDA, 1999. 44p. (EBDA, Circular Técnica, n. 7).

BRAGA SOBRINHO, R.; OLIVEIRA, M. A. S.; WARUMBY, J.; MOURA, J. I. L. Pragas da gravioleira. In: BRAGA

SOBRINHO, R.; CARDOSO, J. E.; FREIRE, F. das C. O. (Eds.). Pragas de fruteiras tropicais de importância agroindustrial. Brasília: Embrapa-SPI; Fortaleza: Embrapa-CNPAT, 1998. p.131-141.

CAMARGO, L. E. A. & REZENDE, J. A. M. (Eds.). Manual de Fitopatologia – Doenças das plantas cultivadas. 3. ed. São Paulo: Agronômica

CASTRO, A. M. G. de; COBBE, R. V.; GOEDERT, W. J. Prospecção de demandas tecnológicas: manual metodológico para o SNPA. Brasília: Embrapa-DPD, 1995. 82 p.

CEASA–RJ. (2019) Análise de comercialização. Secretária de Estado de Agricultura, Abastecimento, Pesca e Desenvolvimento do Interior. Rio de Janeiro/RJ.

CIDE (2000) Altitude e coordenadas geográficas das sedes municipais, segundo as Regiões de Governo e municípios – Estado do Rio de Janeiro. http//www.cide.rj.gov.br, Consulta feita no dia 5/03/2002.

DONADIO, L.C., Nachtigal, J.C., Sacramento, C.K. (1998) Frutas Exóticas.Jaboticabal: Funep, 279p.

FREITAS, G.B., Couto, F.A.A. (1997) Situação e perspectivas do cultivo de Anonáceas no Estado de Minas Gerais. In: São José, A. R., Souza, I. V. B., LOPEZ, A. M. Q. Doenças das anonáceas e do urucuzeiro. In. KIMATI, H. ; AMORIM, L. ; BERGAMIN FILHO, A. ;

IBGE. Levantamento Sistemático da Produção Agrícola.www.sidra.ibge.gov.br/sidra/agro/agro.htm. Brasília, IBGE. Arquivo capturado em 29/02/2020.

IBPGR (1986) Genetic Resources of Tropical and Sub-tropical Fruits and Nuts (Excluding Musa). International Board for plant genetics Resources, Rome. 162p.

KAVATI, R. (1997) Melhoramento em Fruta-do-conde. In: São José, A. R., Souza,I.V.B., Morais, O.M.,

Rebouças, T.N.H. Anonáceas, produção e mercado (Pinha, graviola, atemóia e cherimólia). Vitória da Conquista (BA). DFZ/UESB, p.47-54.

KUMAR, R., Hoda, M.N., SING, D.K. (1977) Studies on the floral biology of custard apple (Annona squamosa Linn), Indian journal of horticulture, Indian, v.34, n.3, p.252-256.

LEHNINGER, A., L. (1976). Bioquímica: componentes moleculares das células. São Paulo: Edgard Blücher, v.1, 262p.

MALAVOLTA, E., VITTI, G.C., OLIVEIRA, S.A. de. (1989). Avaliação do estado nutricional das plantas: princípios e aplicações. Piracicaba: POTAFOS, 201p.

MANICA, I. (1994) Taxonomia ou sistemática, morfologia e anatomia. In:Fruticultura – cultivo das anonáceas: ata – cherimoia – graviola. Porto Alegre:Evangraf, p.3-11.

MANICA, I. (1997). Taxonomia, morfologia e anatomia. In: São José, A. R., Souza, I.V. B., Morais, O. M., Rebouças, T. N. H. Anonáceas, produção e mercado (Pinha, graviola, atemóia e cherimólia). Vitória da Conquista (BA). DFZ/UESB,p. 20-21.

MELETI, L. M. M. Anonáceas. In: MELETI, L. M. M. (Coord). Propagação de fruteiras tropicais. Guaíba - RS: Livraria e Editora Agropecuária. 2000. 239p.

PIZA Junior, C. de T. (1982) A cultura da fruta do conde. CATI. Campinas, 7p.

PIZA Junior, C.T., Kavati, R. (1997) Situação Atual e Perspectivas de Anonáceas no Estado de São Paulo.

In: São José, A.R., Souza, I.V.B., Morais, O.M.,Rebouças, T.N.H. Anonáceas, produção e mercado (Pinha, graviola, atemóia e cherimólia). Vitória da Conquista (BA). DFZ/UESB, p.184-194.

POPENOE, W. (1920). Manual of tropical and subtropical fruits. Macmillan, New York. 474p.

SÃO JOSÉ, A. R. ; SOUZA, I. V. B. ; MORAIS, O. M.; REBOUÇAS, T. N. H. (Eds.). Anonáceas: Produção e mercado (pinha, graviola, atemóia e cherimólia). Vitória da Conquista - BA: DFZ/UESB, 1997. 310p.

SEBRAE. Metodologia do programa SEBRAE: cadeias produtivas agroindústrias. SEBRAE/NA, Brasília, 2000.

SIMÃO, S. (1971) Manual de fruticultura. 7ª. Ed. São Paulo: editora Agronômica Ceres, 530p.

SIMÃO, S. (1998) Tratado de Fruticultura. Piracicaba: FEALQ, p.181-195.

VIEIRA, V.J.S. Pinheira (*Annona squamosa* L.): Cultivo sob condição irrigada. Recife, Série Agricultura-SEBRAE-PE/CODEVASF. 1994. 28p.

ZYLBERSZTAJN, D. Conceitos gerais, evolução e apresentação do sistema agroindustrial. In: ZYLBERSZTAJN, D.; NEVES, M. F. Economia e gestão dos negócios agroalimentares. Pioneira. 2000.

AUTOR

Contato: amiltongguerra@gmail.com.

Hamilton G. Guerra: Engenheiro Agrônomo, Escritor, Pesquisador e Professor de Fruticultura (Doutor em Agronomia) e Consultor "Ad hoc" do CNPq. Foi Presidente do **XXI Congresso Brasileiro de Fruticultura** e atua nas áreas de Fruticultura, Biotecnologia, Produção Vegetal e Diagnósticos e Gestão de Cadeias Produtivas de Fruteiras, com mais de 15 livros escritos.